Aug. Langhoffer

Beiträge zur Kenntnis der Mundteile der Dipteren

Aug. Langhoffer

Beiträge zur Kenntnis der Mundteile der Dipteren

ISBN/EAN: 9783744643368

Printed in Europe, USA, Canada, Australia, Japan

Cover: Foto ©berggeist007 / pixelio.de

More available books at **www.hansebooks.com**

Beiträge

zur

Kenntniss der Mundtheile der Dipteren.

Inaugural-Dissertation

der philosophischen Facultät Jena

zur

Erlangung der Doctorwürde

vorgelegt

von

Aug. Langhoffer

aus Alt-Pasua.

Jena 1888

Druck von G. Neuenhahn.

Dem Andenken

seiner lieben Mutter

in dankbarer Erinnerung

gewidmet

vom Verfasser.

Seit dem Jahre 1880 erschienen mehrere ausführlichere Arbeiten über die Mundtheile der Dipteren, es bedarf aber noch weiterer Detailforschungen um die Thatsachen verknüpfen zu können. Die Ontogenie scheint bei den Dipteren ihre hochwichtige Bedeutung theilweise verloren zu haben, da sie durch cenogenetische Abänderungen bedeutend verwickelt worden ist. Man muss daher meist aus dem Befunde beim fertigen Dipteron möglichst sichere Auskünfte über einzelne Fragen zu erlangen suchen. Die Forscher, welche sich mit den Mundtheilen der Dipteren beschäftigt haben, sind darin ziemlich einig, dass den meisten Dipteren Mandibeln fehlen. Das Labrum soll entweder aus Labrum und Epipharynx bestehen, oder nur das Labrum selbst darstellen, seiner Function nach bald als Decke der Mundtheile dienen, wie fast bei allen Insekten, bald ein Stechorgan, bald sogar ein Fresswerkzeug sein. Die Ansichten verschiedener Forscher mögen hier angeführt werden, um zu zeigen, dass die Frage noch nicht als gelöst betrachtet werden kann.

Brullé sagt von der Oberlippe der Insekten l. c. p. 346: Cette lèvre (nämlich l. supérieure) n'est pas formée, comme on le croit généralement d'une seule pièce; on y remarque la pluspart du temps, soit en dessus, soit en dessous, une suture ou sillon médian qui indique la présence de deux moitiés semblables entre elles." Es ist klar, dass er auch die Oberlippe als paariges Gebilde betrachtet, und leicht möglich, sogar wahrscheinlich scheint es mir zu sein, dass ihm Dipteren dazu Anlass gegeben haben, da er auf p. 350 von den Dipteren

sagt: „... les Diptères, dont la lèvre supérieure est quelque-
fois divisée en deux parties par un sillon longitudinal", obwohl
mir nicht klar ist, was zur Annahme einer Furche berechtigen
könnte.

Gerstfeld hat sich vollkommen an Brullé angeschlossen,
denn er meint l. c. p. 19: „Die Oberlippe ist mehr oder weniger
verlängert, zuweilen in der Mitte mit einer Längsfurche, als
Andeutung ihres Bestehens aus 2 Seitenhälften versehen." Was
Gerstfeld wie auch Brullé von den Mandibeln erwähnen, welche
lanzettlich sind, scheint sich auf Tabaniden und Culiciden zu
beziehen, wo freie Mandibeln zu finden sind.

Brauer, der mit systematischen Studien sein Ziel: „grössere
Verwandtschaftskreise festzustellen" verfolgt, äussert sich in
seiner Abhandlung: „Die Zweiflügler des kaiserlichen Museums"
auch über die Mundtheile folgendermassen (l. c. h. 107): „und
lasse die Mundtheile ausser Acht, die für beide Hauptgruppen
höchst interessante Unterschiede zeigen, insofern bei den Cyclorrhaphen stets die Oberkiefer fehlen oder nach Weissmann
zu einer als Oberlippe bezeichneten Spitze verwachsen sind,
während sie bei den Orthorrhaphen (Culex, Tabanus etc.) stets
nebst den Unterkiefern gesondert unter einer spitzen Oberlippe oder einer rundlichen Lippe gelegen sind." Meine Untersuchungen machen es mir unwahrscheinlich, dass ein so strenger
Unterschied zwischen den beiden Abtheilungen in Bezug auf
die Oberkiefer, Mandibulae, besteht.

Menzbier und Dimmock betrachten das als „Labrum"
bezeichnete Stück der Dipteren als Labrum und Epipharynx,
indem sie die obere Fläche des Stückes zum Labrum rechnen,
die untere aber zum Epipharynx. Auf Menzbier's Meinung
komme ich noch bei den einzelnen Familien zurück. Es sei
also an diese Stelle nur noch von Dimmock die Rede. Die
Mandibeln sind nach ihm rückgebildet oder verschwunden:
„The mandibles are the mouth-parts, which are least developed,
or most often absent, in diptera. They are present in Culex,
female, and, according to Menzbier in Haematopota; they are

absent in Eristalis, Bombylius, Musca and many other diptera"
(l. c. p. 43). Von der Oberlippe, Labrum meint er l. c. p. 42:
„the labrum is always continuous with the upper wall of the
pharynx".

Becher schliesslich, welcher der Annahme eines Epipharynx entgegentritt, da, wie er meint, dieser vermuthliche Epipharynx nur dort als freie Borste erscheint, wo er ein Kunst-
product ist. Die Bildung des Labrum schien aber auch ihm
eigenthümlich. Nach Becher kommen die Mandibeln nur den
Weibchen folgender Gattungen zu: Tabanus, Haematopota,
Hexatoma, Chrysops, Pangonia, Culex, Ceratopogon, Simulia,
Phlebotomus, Blepharocera, Atherix und Symphoromyia. Da
hier kein Vertreter der von mir näher untersuchten drei
Familien sich befindet, er aber von zwei Familien, nämlich den
Syrphiden und Empiden behauptet, dass sie eine eigenthümlich
gebildete Oberlippe, Labrum, besitzen, so sei hier seine dies-
bezügliche Beschreibung angeführt, welche l. c. p. 127 lautet:
„Was zunächst die Oberlippe betrifft, so kann man an ihr
immer deutlich 2 Lamellen unterscheiden, von denen die eine,
— bei jenen Familien, wo dieselbe am ausgebildetsten sind —,
die obere, durch eine Gelenkshaut mit dem Untergesicht in
Verbindung steht, während die zweite, untere, entweder direct
am Schlundgerüst einlenkt oder doch — wie bei den Musciden
— mittelbar mit diesem zusammenhängt. Bei Muscidae und
Syrphidae ist die Trennung dieser Theile auch an der Spitze
sehr deutlich, indem bei letzteren die Oberlippe in mehrere
Lappen endet, von denen die äusseren der unteren Lamelle
angehören, während bei ersteren an der Unterseite der Oberlippe sich jederseits an der Spitze gekerbte Chitinleisten finden.
Ebenso ist die Oberlippe der Empidae in 3 Zipfel ausgehend".

Als ich das sogenannte Labrum mehrerer Familien der
Dipteren zu untersuchen begann, fiel mir besonders bei einigen
Familien die eigenthümliche Form und Zusammensetzung dieses
Gebildes auf. Weitere Untersuchungen führten mich zu der
Ueberzeugung, dass wir in diesem Gebilde bei den drei Familien

der Dolichopodidae, Empidae und Syrphidae die scheinbar spurlos verschwundenen Mandibeln wiederfinden. Wie aus dem speciellen Theil dieser Arbeit ersichtlich ist, betrachte ich die „Oberlippe" von Menzbier und Dimmock, die „obere Lamelle der Oberlippe" von Becher als die eigentliche Oberlippe, während ich den „Epipharynx" von Menzbier und Dimmock, „die untere Lamelle der Oberlippe" von Becher als Mandibeln anspreche.

Bei meinen Untersuchungen war ich sehr von dem vorhandenen Material beeinflusst, da Insektenhandlungen fast ausschliesslich nur andere Insekten anbieten. Es diente mir also zur Untersuchung überwiegend mein eigenes Material. Einiges erhielt ich durch die bekannte Handlung von J. Erber aus Wien. Herr Th. Becker in Lieguitz unterstützte mich auf die zuvorkommenste Weise, indem er nicht nur mein Material bereitwilligst bestimmte, sondern mir auch manche werthvolle Genera-Vertreter zusendete. Es sei ihm auch hier mein Dank ausgesprochen.

Im Institute des Herrn Prof. Dr. M. Kišpatić und Dr. A. Heinz in Agram fand ich eine liebenswürdige Aufnahme, für die ich nochmals Dank sage. Die Gefälligkeit dieser Herrn wusste ich besonders dann zu schätzen, als ich von Seite des Herrn Universitätsprofessors Spiridiou Brusina, obwohl ich auf eine intellectuelle Förderung meiner Arbeit von vornherein verzichtet habe, nicht nur ein wünschenswerthes Entgegenkommen nicht fand, sondern mich sogar gezwungen sah, meine bereits begonnene Arbeit zu unterbrechen.

Da die einzelnen Species vom typischen Bau des Genus meist nur unbedeutend abweichen, wurde mit Ausnahme einiger artenreicher Genera nur je eine Species als Gattungs-Vertreter untersucht. Von Dolichopoden untersuchte ich 11 Genera mit 13 Species, von Empiden 7 Genera mit 11 Species und von den Syrphiden 15 Genera mit etwa 25 Species.

Ich lasse nun die einzelnen Familien mit den Beschreibungen der einzelnen Genus-Vertreter folgen.

Dolichopoda.

Ich untersuchte folgende Gattungen: Dolichopus, Gymnopternus, Diaphorus, Orthochile, Argyra, Porphyrops, Psilopus, Chrysotus, Hydrophorus und Medeterus.

Bei Dolichopus signatus ist das Gebilde im Wesentlichen von zwei bezahnten Klingen gebildet, welche nach rückwärts mit kräftigen Chitinstücken gelenkig verbunden sind. Von oben bedeckt die Klingen — die ich als Mdbln. betrachte und auch unter diesem Namen öfters erwähnen werde —, eine zarte, am Rande und besonders an der Spitze mit Haarzipfeln dicht besetzte Lamelle, das eigentliche Labrum. Die Zähne der Mandibelklingen befinden sich am Rande, sind von gleicher Stärke, etwa 6—7 an der Zahl, und nur der Endzahn am vorderen Ende ist zwar unbedeutend, aber doch deutlich kräftiger, wenn auch bei weitem nicht so kräftig, wie wir es bei anderen Gattungen vorfinden. Von dem Endzahn aus biegt sich die Mandibel nach innen und steigt dann bogenförmig nach oben, um da mit einigen Zähnen zu endigen. Am bogenförmigen Rande der Mandibel befinden sich Reihen kleiner Zähnchen. Das Labrum zeigt an der unteren Hälfte Längsstreifung, an der oberen Hälfte, namentlich am Rande und an der Spitze, Haarzipfel, die ich bei allen untersuchten Dolichopoden vorfand. Das Labrum ist hier bloss eine zarte, die Mandibeln bedeckende Lamelle, welche mit den Mandibeln in enge Beziehung getreten und mit denselben auch verwachsen ist. Bei Seitenansicht sieht man seitwärts neben den Mandibeln eine Verdickung, eine Leiste, die sich bei der Ansicht von oben als Ring darstellt. Dieser Ring, der bei den En-face-Präparaten verschoben und meist auch zerrissen ist, da das ganze Gebilde rinnenförmig ist und aus dieser Lage nur mit Gewalt in eine En-face-Lage gebracht werden kann, scheint als eine Stütze für das ohnehin sehr zarte Labrum, besonders für die Anheftung der oben erwähnten Haarzipfel zu dienen.

Während das Labrum zart ist, an der unteren Hälfte bloss paralelle Längsstreifen zeigt, von einem Gelenk jedoch gar keine Spur vorhanden ist, zeigen die Mandibeln nicht bloss die bei Mandibeln vorkommende Bezahnung am Rande, sondern auch das für die Mandibeln bekannte Gelenk, indem die Klinge der Mandibel mit dem rundlich viereckigen Basaltheil gelenkig verbunden ist.

Dolichopus griseipennis besitzt zwei kräftige, bezahnte Klingen, die auch hier mit dem Basaltheil gelenkig verbunden sind. Die Mandibelklinge, welche am Rande einige (3 — 4) ziemlich kräftige, über den Rand kaum hervortretende Zähne zeigt, spitzt sich nach vorn zu, indem sie hier durch den merklich stärkeren Endzahn eine kräftige Spitze bildet, biegt sich dann tief concav ein und steigt dann nach oben, um hier mit einigen Zähnen zu endigen. Von der concaven Einbiegungsstelle nach einwärts und nach unten findet man eine Gruppe kurzer kräftiger Zähnchen. Das Labrum, die Leiste und das Gelenk verhalten sich wie bei der vorigen Art.

Das Gebilde des Gymnopternus ähnelt noch sehr dem des Dolichopus. Der Basaltheil der Mandibel, nämlich das unterhalb des Gelenkes liegende Stück, ist hier von dreieckiger Form, während die Mandibelklinge am Rande 4 ziemlich schwache, eher als Zahnborsten, denn als Zähne zu bezeichnende Bewaffnung aufweisen kann. Der Endzahn ist auch hier kräftig, von ihm aus bildet sich wieder die concave, hier steile, Einbuchtung, um dann wieder aufzusteigen und mit Zahnborste zu endigen. Das Labrum mit den bekannten Haarzipfeln ist ziemlich breit und zeigt die oben erwähnte Chitinleiste.

Diaphorus hat ein verhältnissmässig langes Gebilde, da der aufsteigende Ast der Mandibelklinge besonders lang und dem entsprechend auch das Labrum bedeutend länger ist als bei den bisher erwähnten Dolichopoden. In den Details finden wir ganz deutlich wieder den Typus der Dolichopoden. Der Basaltheil der Mandibel ist hier, wie auch bei Gymnopternus von dreieckiger Form und wie bei anderen Dolichopoden medianwärts durch ein stark chitinisirtes, längliches, gegen den Basaltheil sich verbreiterndes Stück gestützt, welches wahrscheinlich als Stütze der Mandibeln dient. Die mit dem dreieckigen Basaltheil articulirende, spärlich gezähnte Mandibel spitzt sich zu einem kräftigen Endzahn zu, um sich dann als kräftiges Chitinstück bedeutend höher, als bei den bisher erwähnten Dolichopoden, nach oben zu heben. Die Haarzipfel des Labrum gehen kaum über den zarten Rand hinaus.

Noch mehr verlängert finden wir das Gebilde bei Orthochile, wo es kaum an das typische Gebilde von Dolichopus erinnert. Alle Theile sind hier langgestreckt, und dies macht sich auch bei den übrigen Mundtheilen bemerkbar. Die bei den Dolichopoden sonst kurze, breite und plumpe Unterlippe ist hier lang und schmal. Der palpus maxillaris ist ebenfalls langgestreckt und besitzt fast die Länge des Labrums. Das von mir genauer untersuchte Gebilde ist verhältnissmässig lang und auch schmal. Die Klingen der Mandibeln, wenn man die stummelförmigen Stücke überhaupt als Mandibelklingen bezeichnen darf, sind ganz unansehnlich, schmal, am distalen, vorderen Ende zart und ganz stumpf endend. Au den lateralen Rändern sind noch Zahnborsten sichtbar. Sowohl die Haarzipfel der mittleren Lamelle, des Labrums, wie die Zahnreihe der seitlichen Lamellen, der Mandibeln, im Vergleich mit dem Gebilde der übrigen Dolichopoden sprechen dafür, dass wir es hier wirklich mit Labrum und Mandibeln zu thun haben, dass aber die Mandibeln hier von dem Typus merkbar abweichen, ihre ursprüngliche Function wahrscheinlich kaum verrichten können und mehr nur als ein Erbstück von den Stammeltern zu betrachten wären.

Während wir bei den letzten zwei Gattungen die Tendenz bemerkten, dass sich das aus Labrum und Mandibeln zusammengesetzte Gebilde verlängert und schmäler wird, werden wir bei den folgenden Gattungen sehen, dass sich das oben erwähnte Gebilde verkürzt, dafür aber an Breite zunimmt, wozu hauptsächlich das Labrum beiträgt, während bei den

Mandibeln hauptsächlich der Endzahn der Mandibelklinge stärker hervortritt.

Argyra besitzt einen dreieckigen, durch ein kräftiges Chitinstück gestützten Basaltheil, der auch einige Börstchen am Rande aufzuweisen vermag. Die Mandibelklinge ist ziemlich kräftig und breit mit Borsten besetzt, die sich nicht mehr auf den Rand beschränken, sondern sich auch tiefer nach innen ausbreiten. Der Endzahn ist kurz und stumpf, und von ihm aus hebt sich die Mandibelklinge auf eine kurze Strecke schief nach aufwärts, um bald mit Zähnchen zu endigen. Das Labrum zeigt die gewöhnliche Form und Beschaffenheit.

Die Gattung Porphyrops zeichnet sich durch folgende Merkmale aus. Das Labrum zeigt bei einer Ansicht von oben neben dem zarten Rand eine leistenartige Chitinisirung, die vermuthlich als Stütze des zarten Labrums dient. Unter dem Labrum liegen die zwei kräftigen, stumpfen Mandibeln, mit Reihen kräftiger Zahnborsten besetzt, welche auch hier, wie bei der vorigen Gattung, sich nicht auf den Rand beschränken, sondern tiefer nach einwärts vorrücken. An die Mandibelklinge, mit dieser durch das Gelenk articulirend, schliesst sich der durch ein kräftiges zapfenförmiges Chitinstück gestützte dreieckige, mit einigen Borsten besetzte Basaltheil.

Psilopus erinnert schon sehr an die später zu beschreibende Gattung Hydrophorus. Der basale Theil der Mandibel ist weniger chitinisirt als bei den bisher erwähnten Dolichopoden und ist auch hier von dem zapfenartigen Chitinstück gestützt. Die mit dem Basaltheil concav gelenkig verbundene Mandibelklinge ist kräftig, stark chitinisirt und so dunkel, dass dadurch die Untersuchung, wie auch bei den folgenden Gattungen bedeutend erschwert wird. Die Mandibel ist mit einer kräftigen Spitze versehen, welche so sehr in den Vordergrund tritt, als ob sie fast allein die Mandibelklinge bilden würde. Seitwärts von der Spitze der Mandibel ist der Rand nach einwärts mit einigen kräftigen, kurzen Zähnchen versehen.

Aehnlich verhält sich Chrysotus, besonders was die Mandibeln anbelangt. Der Basaltheil ist auch hier dreieckig, das Labrum von der gewöhnlichen Form und Beschaffenheit, aber etwas breiter, als bei der vorhergehenden Gattung. Das Gebilde des Hydrophorus zeigt 2 kräftige Spitzen, die am Rande Spuren kleinerer Zähne tragen. Die Mandibel, zu welcher diese Spitze gehört, ist mit dem Basaltheil gelenkig verbunden, wie bei den anderen Dolichopoden, aber hier bildet der Basaltheil eine förmliche Gelenkpfanne und nicht eine fast gerade Gelenksfläche, was ebenfalls an die Gattung Psilopus erinnert, wo das Gelenk eine, wenn auch nicht so bedeutende Vertiefung aufweist. Der Basaltheil ist am Rande zart und, was eigenthümlich ist, gekerbt und nicht ganzrandig, wie bei den übrigen Dolichopoden. Von dem ganzen Gebilde sind bloss die Ränder lichter und so der mikroskopischen Untersuchung leicht zugänglich, das übrige ist aber so dunkel, dass es schwierig ist, darüber genaue Aufschlüsse zu erlangen, und dies desto schwieriger, da das rinnenförmige Gebilde immer auf die Seite zu liegen kommt; wendet man aber Gewalt an, um das Gebilde auszubreiten, so reisst es infolge der starken Spannung und der zu kleinen Nachgiebigkeit. Die Vermuthungen, die ich hier aufstelle, stützen sich auf einige Dutzend Präparate und gewinnen dadurch an Wahrscheinlichkeit, dass sie vor den Untersuchungen des Psilopus festgestellt worden sind und daher keine Analogie-Schlüsse sind, wenn die spätere Vergleichung auch analoge Beschaffenheit ergab. Von der kräftigen Spitze aus geht die Mandibel nach oben mit Zähnchen am Rande und kleineren, weiter nach oben längeren Borsten, die dem Labrum angehören dürften. Das Labrum ist von der typisch beschriebenen Beschaffenheit, die Haarzipfel sind dichter und von ziemlicher Länge.

Medeterus zeigt betreffs der Form das andere Extrem, da hier das Gebilde kurz und breit ist. Neben den kräftigen Mandibelklingen, welche denen von Hydrophorus nicht unähnlich sind und nach unten articuliren, lässt sich ein die

Klingen deckendes Labrum unterscheiden. Das Labrum ist hier halbkreisförmig, im centralen Theil sehr zart und mit nur spärlichen dünnen Börstchen besetzt, während der laterale Theil kräftiger und mit kurzen dicken Börstchen besetzt ist.

Fassen wir die Charactere des soeben beschriebenen Gebildes bei den erwähnten Vertretern dieser sehr interessanten Familie zusammen, so sehen wir, dass hier zwei meist kräftige bezahnte Klingen mit Gelenk durch eine meist zarte, mit Haarzipfeln, Haarborsten bedeckte Lamelle ohne Gelenk verbunden werden. Für meine Auffassung, dass die bezahnten Klingen als Mandibulae, die zarte, sie deckende Lamelle als Labrum zu betrachten sei, sprechen ausser den detaillirt aufgeführten Befunden auch Bechers Worte, indem er l. c. p. 148 sagt: „Die Oberlippe dient hier nicht wie sonst als Decke der übrigen Theile, sondern ist hier ihrer Function nach ein wahres Fresswerkzeug, indem sie zum Festhalten und in Folge ihrer grossen Beweglichkeit und ihrer Bildung wohl auch zum Zerkleinern der Nahrung dient, was man auch am lebenden Thiere beobachten kann, da die Dolichopoden ihre Beute — kleinere Insecten — thatsächlich kauen, wobei die Oberlippe fortwährend in Thätigkeit ist." Die vermuthliche Oberlippe ist hier in Thätigkeit, weil sie nicht bloss Oberlippe, Labrum, sondern das mit dem wirklichen Fresswerkzeug, den Mandibeln verwachsene Labrum ist. Die Mandibeln haben hier ihre ursprüngliche Function des Kauens und auch ihre Eigenschaften, wie Gelenk und Bezahnung, beibehalten. Ihre Beweglichkeit (da sie gelenkig sind) und ihre Bezahnung machen sie zum Kauen ganz gut geeignet, trotz der Verwachsung mit dem Labrum, da dieses zart ist und den Mandibeln genügend freie Bewegung erlaubt.

Auf Grund des Baues und hauptsächlich der Verbindung der Mandibeln mit dem Labrum könnte man vielleicht ver-

muthen, dass die Dolichopoda Blumenbesucher waren, später
aber mit Fleischnahrung vorlieb nahmen, den theilweise an
die Blumennahrung angepassten Bau der Mundtheile aber beibehalten haben. Viel wahrscheinlicher scheint mir jedoch zu
sein, dass uns eben die Dolichopoda den Weg andeuten, wie
die ursprünglich getrennten, selbstständig entwickelten Mandibeln im Begriffe sind, sich an die Blumennahrung anzupassen,
indem sie mit dem Labrum verwachsen, um so, statt den 3
getrennten Stücken, ein für die Blumennahrung passenderes
Halbrohr zu bilden, wegen ihrer Fleischnahrung aber ihre Bezahnung und ihr Gelenk beibehalten haben, da ihnen dies derzeit, als einem Fresswerkzeug, noch nothwendig ist. Aber
selbst in dem Falle, dass wir es hier nicht mit einer Anpassungserscheinung an die Blumennahrung zu thun hätten, glaube
ich doch, die Verwachsung der Mandibeln mit dem Labrum
als eine vortheilhafte Anpassungserscheinung betrachten zu
können. Auch wenn die Nahrung nicht flüssig ist, wie Honig-
saft, ist ein Halbrohr, meiner Meinung nach, vortheilhafter als
3 getrennte Stücke. Das Halbrohr befördert die Nahrung
sicherer in den Schlund als 3 getrennte Stücke, zwischen
denen Nahrungstheilchen leicht nach aussen gelangen und verloren gehen. Wenn noch dazu das Labrum schon seiner Zart-
heit wegen den Mandibeln bis zur gewissen Grenze Bewegungen
zur Zerkleinerung der Nahrung auszuführen erlaubt, und diese
Bewegungen für den Zerkleinerungsprocess genügen, so ist hier
durch die Verwachsung der Mandibeln mit dem Labrum kein
Nachtheil, sondern ein Vortheil erreicht worden, da das durch
die Verwachsung entstandene Rohr beim Herabgleiten der
Nahrung gute Dienste leistet, indem es den ganzen Nahrungs-
klumpen umgibt und so nichts verloren gehen lässt.

Die Dolichopoden sind von den Forschern bisher ziemlich
stiefmütterlich behandelt worden, da die meisten Forscher sich
mit ihnen gar nicht beschäftigt haben, und auch Becher
selbst bloss 2 Arten (Dolichopus aeneus und Medeterus sp.)
untersucht hat, während er von Ortochile nur erwähnt, dass

diese Gattung einen langen Empis-artigen Rüssel besitzt. Die „Oberlippe" von Dolichopus soll (l. c. p. 148) „eine grosse mediane, sowie zwei seitliche kleinere Spitzen" und einen „starken, rückwärts gerichteten oblongen Fortsatz" besitzen. Die grössere Spitze wird wohl dasselbe sein, was ich als Labrum betrachte, die seitlichen Spitzen die Mandibeln und das oblonge Stück das dreieckige oder oblonge, vermuthlich als Stütze der Mandibel dienende Stück.

Empidae.

Nach dem, was über die Dolichopoda gesagt wurde, kann ich die Resultate meiner Untersuchungen über diese Familie kurz zusammenfassen, da die von mir untersuchten Vertreter von ihr keine grossen Unterschiede zeigen, und auch die von mir nicht untersuchten Gattungen voraussichtlich sich in die eine oder die andere Gruppe ohne Zwang unterbringen lassen werden.

Ich untersuchte von dieser Familie Repräsentanten der Gattungen: Tachydromia, Cyrtoma, Ocydromia, Hilara, Rhamphomyia, Empis und Oreogeton. Alle haben längliche Mandibelklingen, welche an den äusseren Rändern mit Zahnborten oder Zähnen bewaffnet sind und mittelst Gelenkes mit dem etwa 5 mal längeren Basaltheil articuliren. Die Mandibulae werden von einer am distalen, vorderen Ende mehr oder weniger zugespitzten, zarten Lamelle, dem Labrum bedeckt, welches kein Gelenk zeigt. Bei den Vertretern der einen Gruppe wie Cyrtoma. Ocydromia und Tachydromia ist das ganze Gebilde aussen continuirlich convex, innen aber concav gebogen. Bei den Vertretern der anderen Gruppe, wohin Hilara, Rhamphomyia, Empis und Oreogeton gehören, ist der basale Theil zwar auch, wenn auch weniger, convex gebogen, die Mandibelklinge aber hat meist eine concav convexe Form, die hier umgekehrt ist, als bei der vorigen Gruppe, da hier die Klinge im oberen Theil, wie auch dort, bei Seitenansicht betrachtet, innen convex, aussen aber concav ausgeschnitten oder bei manchen Arten biconvex ist. — Die Thierchen der ersten Gruppe sind meist kleiner als die der zweiten Gruppe, ihre Mandibulae sind auch schwächer bezahnt.

Cyrtoma zeigt ein dem Thiere entsprechendes zartes Gebilde mit einigen Zahnborsten am Rande der Mandibeln. Das Labrum ist ebenfalls zart und spitz endend.

Bei Ocydromia hat das Gebilde kräftigere Mandibeln, welche am Rande mehrere Zahnborsten zeigen. Das Gelenk der Mandibeln ist ganz deutlich zu sehen, während das zarte Labrum keine Spur davon zeigt.

Tachydromia zeigt einen der Cyrtoma ähnlichen Bau, die Klingen, wie auch das ganze Gebilde sind zart, erstere aber haben schon eine ähnliche Form wie die der Vertreter der anderen Gruppe, indem sie am Rande mit einigen Zahnborsten versehen sind.

Hilara zeigt den Bau der zweiten Gruppe. Die Klingen sind kräftig, stark chitinisirt, mit einer grösseren Zahl von Borsten am Rande besetzt. Das Labrum ist ziemlich breit, am Rande mit einigen zarten Zipfelchen versehen, die ich sonst bei keinem Empiden vorfand.

Rhamphomyia hat verhältnissmässig längere ebenfalls kräftige, stumpfe Klingen, Zahnborsten am Rande und das characteristische Gelenk. Das Labrum ist zart an seinem Ende und endet wie gewöhnlich spitzig.

Die Gattung Empis zeigt je nach Arten einen so verschiedenen Bau, dass man geneigt wäre, anzunehmen, man habe verschiedene Gattungen vor sich, da der Bau der Mandibelklingen grössere Unterschiede zeigt, als wir sie bei verschiedenen Gattungen vorfinden.

Mehrere Empis-Arten besitzen ziemlich spitz endende Klingen mit Zahnborten. Bei Empis tesselata finden wir einen Bau der Klingen wie bei Ramphomyia; Empis maculata hat beiderseits fast gleichmässig convex sich zuspitzende Klingen, während Empis livida Eigenthümlichkeiten aufzuweisen im

Stande ist, wie ich sie bisher bei keinem Empiden vorfand. Die Klingen von Empis livida haben nämlich am Rande nicht Zahnborsten, sondern wirkliche Zähne, und ausserdem hat die untere Hälfte der Klinge am Rande eine dichte Reihe, sowie endlich an der unteren Hälfte der Fläche noch eine halbkreisförmig angeordnete Reihe kleiner Zähne.

Oreogeton verdient insofern eine Sonderstellung, als die Randzähne an der Mandibelklinge verhältnissmässig sehr kräftig sind. Labrum und Gelenk sind wie bei den übrigen Empiden.

Diese Familie wurde nur von wenigen Forschern in den Bereich ihrer Untersuchungen gezogen. Menzbier untersuchte nur Empis livida, während Becher auch darin seinen Vorgänger überflügelte, dass er in seinen Untersuchungen 7 Arten der Familie berücksichtigte.

Menzbier glaubt, dass Empis livida von den Syrphiden zu Musca hinüberführt, wogegen es mir wahrscheinlicher zu sein scheint, dass die Syrphiden sich unmittelbar oder mittelbar an die Empiden anschliessen, und wahrscheinlich mittelbar erst die Anknüpfungen an die Musciden zu finden sein werden. Menzbier betrachtet das von mir untersuchte Gebilde wegen der Analogie mit dem des Syrphus als Labrum + Epipharynx, trotzdem sie nicht durch KOH trennbar sind. Seine Beschreibung lautet: „Von Epistom, vor der Mundöffnung oder über derselben, geht eine beträchtlich dicke, unpaare Chilinlamelle ab, die an ihrer Basis erweitert und an der Spitze zugeschärft und gekrümmt ist. Oben ist sie von rechts nach links convex, unten mit einer Rinne versehen, zerfällt aber bei Maceration in KOH nicht in einen oberen und unteren Abschnitt. Dessen ungeachtet können wir in Anbetracht der Lagerung und Form dieser Lamelle dieselbe als eine Bildung auffassen, welche der Oberlippe + epipharynx bei Haematopota, Chrysops und Syrphus entspricht, d. h. es ist die Oberlippe von Empis, die so eng mit dem Epipharynx verwachsen ist, dass sie sogar durch Maceration sich nicht davon ablösen lässt." Dass er aber in diesem Gebilde keine Mandibeln vermuthete, dafür sprechen

seine eigenen•Worte, da er l. c. p. 61, 62 zu folgender Aussprache sich veranlasst sah: „Ausser den erwähnten Mundtheilen existiren bei Empis keine anderen, von den Mandibeln
ist also keine Spur vorhanden".

Becher untersuchte zwei Arten der Gattung Empis und
je eine Art der Gattungen: Cyrtoma, Rhamphomyia, Platypal-
pus, Hilara und Clinocera. Von Cyrtoma sagt er, dass die
Oberlippe den der Epinae gleich ist, wie auch bei Platypal-
pus, während die Oberlippe von Clinocera kappenförmig und
ihr Aussenrand dicht mit kurzen, dicken Borsten bedeckt sei
(l. c. p. 148). Die Abtheilung der Empinae characterisirt er
auf der vorhergehenden Seite p. 147 mit diesen Worten: „Eine
lange spitze Oberlippe, die vorne in 3 Zipfel getheilt ist, deckt
eine gleich lange Stechborste". Becher deutet also alle 3
Stücke als Labrum, Oberlippe. Ich kann ihm jedoch nicht
beistimmen, da es mir unerklärlich wäre, warum zwei gleich-
gebildete, articulirende — auch Becher bildet das Gelenk
ab, erwähnt aber dessen mit keinem Worte — und an den
Rändern bezahnte Lamellen mit einer zarteren, gelenk- und
zahnlosen Lamelle zusammen morphologisch ein Gebilde re-
präsentiren sollen. Ausserdem sprechen die Charactere der
zwei Klingen ganz ungezwungen für meine Meinung, dass sie
Mandibeln sind, denn auch Becher selbst charakterisirt l. c.
p 128 die Mandibeln der Dipteren als: lanzettliche Chitinklingen,
die an ihren Seiten meist gezahnt, gesägt oder kammartig erscheinen und selten ganzrandig sind", wogegen die dritte zarte
Lamelle ganz gut mit der Characteristik des Labrum über-
einstimmt. Die Annahme einer oberen und einer unteren
Lamelle für die Oberlippe scheint mir hier unzulässig, denn
man würde, auch abgesehen von dem so sehr abweichenden
Bau der Theile, erwarten, dass die Klingen als die Theilstücke
des sich gespaltenen Gebildes eine einfache Lamelle darstellen.
Man kann sich jedoch beim Zerzupfen leicht davon überzeugen,
dass die Klingen aus zwei Lamellen zusammengesetzt sind, also
keine partiell abgelöste untere Lamelle darstellen.

Syrphidae.

Diese Familie zeigt in Bezug des aus den Mandibeln und dem Labrum durch Verwachsung entstandenen Gebildes im Wesentlichen einen gleichen Bau, so dass die Unterschiede nur in der relativen Länge des Gebildes, der Bezahnung und nur bei einigen auch in der Form der Mandibelklingen zu suchen sind. Bevor ich also auf die Schilderung der Unterschiede bei einzelnen Gattungen übergehe, werde ich den typischen Bau des Gebildes schildern. Das längliche, rinnenförmige Gebilde ist am vorderen Ende in 6 Lappen getheilt, die von aussen nach innen betrachtet durch folgende Merkmale gekennzeichnet sind. Das äusserste Paar dieser Lappen ist das kräftigste, breiteste, selten mit Zipfeln .endend, häufiger mit abgerundeter und meist mit nach innen gebogener Spitze. Dieses symmetrisch gelegene und gleich gebaute Lappenpaar zeigt verschiedene Bezahnung. Darauf folgt dann ein ebenfalls gleich gebautes Lappenpaar, meist messerförmig, am Rande mit oder ohne kleine Zipfel, am basalen Theil bedeutend oder kaum verbreitert. Darauf folgt, die Mitte bildend, jederseits ein Lappen von der Breite der äusseren Lappen, an der oberen Hälfte mit mehr oder weniger dichten Borstenzipfeln besetzt. Unterhalb dieser Differenzirung des Gebildes in die soeben beschriebenen Lappenpaare findet sich ein Gelenk. Das ganze Gebilde wird von einer Lamelle umgeben, die kein Gelenk besitzt und auch sonst andere Merkmale aufzuweisen vermag. Der Kürze halber nenne ich die äussersten Lappen des früher beschriebenen Gebildes Klingen, die darauf folgenden Lappen Messerborsten und die mittleren, inneren, mit Zipfelchen besetzten Lappen die centralen Lappen.

Bei Xylota ist das ganze Gebilde kurz gedrängt. Die Klingen sind stumpf, an der Spitze nicht nach innen gebogen, kräftig, breit und im oberen Theil auf der ganzen Breite mit Zähnchen bewaffnet, die nach unten spärlicher werden. Vor

dem Gelenke finden wir nur 2 Reihen Zähnchen, die sich nach
unten fortsetzen. Die Klinge ist mit dem centralen Lappen
verbunden und zwischen beiden ist eine Ausbuchtung, in der
die Messerborste liegt.

Die Messerborste entspricht hier ihrem Namen; sie ist
lang und schmal, ohne irgend welche Differenzirung, an der
tiefsten Stelle der Ausbuchtung mit der Klinge verbunden.
Nachdem die Concavität bald nach der Anheftung der Messerborste ihre tiefste Stelle erreicht hat, hebt sich der Rand und
bildet den centralen Lappen, der auf der oberen Hälfte mit
Zipfelchen sehr dicht besetzt ist. Man kann die Contour dieses
so sehr differenzirten Theiles auch unterhalb des Gelenkes
verfolgen und bemerkt, dass er von einer Lamelle bedeckt ist,
die bedeutend breiter ist, kein Gelenk besitzt, lateral bedeutend
schwächer entwickelt ist und eine Längsstreifung zeigt, wie sie
auch bei den übrigen Syrphiden zu finden ist.

Syritta hat ein sehr ähnliches Gebilde. Die Klingen, welche
auch bei dieser Gattung noch kaum gebogen sind, sind stumpf,
nur enden sie nach innen mit einer Spitze. Die Messerborste
ist wie bei Xylota, der centrale, lappige Theil hat etwa in der
Mitte einen nach auswärts gerichteten Zipfel, während die
Spitze des Lappens nur wenige Zipfelchen besitzt.

Chrysotoxum bildet den Uebergang von Xylota zu den
übrigen Syrphiden, bei denen das Gebilde länger ist, die
Klingen gebogen und spärlicher bezahnt sind. Bei dieser
Gattung sind die Klingen noch ziemlich breit, kräftig, stumpf
und kaum gebogen, aber die Bezahnung ist spärlicher, die
Messerborste längs des Randes mit feinen Zipfelchen besetzt
und an der Basis bedeutend breiter. Der centrale Lappen
hat an der Spitze schmale Zipfelchen.

Bei Xanthogramma zeigt das Gebilde einen ähnlichen Bau.
Die Klingen sind schwach gebogen und zeigen eine dem Gebilde der Xylota ähnliche Bezahnung; der centrale Theil hat
mehrere ziemlich lange, schmale Zipfel. Das ganze Gebilde ist

noch ziemlich kurz und gedrungen. Die Messerborste ist
unten breiter.

Brachypalpus führt von Xanthogramma zu Syrphus hinüber.
Das Gebilde ist noch ziemlich kurz; die Klingen sind kräftig
und wie bei den vorigen noch ziemlich dicht dreireihig bezahnt, aber im Gegensatz zu ihnen ganz deutlich nach innen,
resp. nach oben gebogen. Die Messerborste ist überall ziemlich gleich breit und endet stumpf. Der centrale Lappen besitzt an der Spitze mehrere Zipfel.

Das Gebilde von Melanostoma ähnelt dem des Syrphus,
nur ist es im Allgemeinen gedrängter. Die Klinge ist mit 3
Reihen von Zähnen besetzt, die vor dem Gelenk zweireihig
werden und sich wie bei den übrigen Syrphiden auch hier
noch weit unter dem Gelenke fortsetzen. Die Messerborste
endet spitz, der centrale Theil hat längere, sehr schmale,
borstenartige Zipfel.

Bacha zeigt den Typus von Syrphus. Die Klinge ist
schmäler, gebogen und weniger bezahnt. Die Messerborste ist
wie bei den vorigen Gattungen, und auch der centrale Lappen
ist ähnlich gebaut.

Bei Helophilus ist die Klinge langgezogen, oben zweireihig,
weiter nach unten dichter einreihig und unterhalb des Gelenkes
weniger dicht, zerstreut bezahnt. Die Messerborste endet
stumpf, der centrale Lappen hat in der unteren Hälfte einen
nach aussen gerichteten Zipfel, oben mehrere Zipfel.

Volucella zeigt insofern eine Abweichung im Baue des
Gebildes, als bei ihr die Klinge nicht wie bei den übrigen Syrphiden abgerundet ist, sondern zwei oder mehrere Zipfel
bildet. Hier und da kommen Abnormitäten vor; so fand ich
bei einem Präparat, dass die eine Klinge 2, die andere 5
Spitzen hatte. Die Bezahnung und das Gelenk ist dem der
übrigen Syrphiden ähnlich. Die Messerborste ist schmal, von
ziemlich gleicher Breite, spitzt sich gegen das Ende allmählig
zu, um hier mit zwei oder mehreren Spitzen zu enden. Von
der Basis der Messerborste geht eine schiefe, mit Borsten be-

setzte Ausbuchtung zum centralen Lappen, der mit feinen
borstenförmigen Zipfeln dicht besetzt ist. Das beschriebene
Gebilde wird nach unten von einem Mantel umgeben, wie wir
es auch bei anderen Syrphiden vorfinden. Dieser Mantel wird
nach unten breiter und geht oben etwa in der Gegend des
Gelenkes auf das Gebilde über, immer schmäler und zarter
werdend, um allmählig in das Gebilde überzugehen und mit
ihm zu verschmelzen. Diese Lamelle, dieser Mantel zeigt kein
Gelenk, besitzt am unteren Theil Kämme von Stachelborsten,
am oberen Theil, besonders an den Rändern, zeigt er Längsstreifung.

Was Eristalis anbelangt, so zeigt das Gebilde gebogene
kräftige Klingen, oben mit zwei, unten bloss mit einer Zahnen-
reihe. Die Messerborste ist entweder einfach, höchstens an
der Spitze mit mehreren Zipfeln oder beiderseits mit Zipfeln
besetzt. Ebenso ist auch der centrale Lappen entweder bloss
oben mit Zipfeln versehen, oder er zeigt solche auch an den
Seiten. Deutlich sieht man das Gelenk der Mandibeln, unterhalb dessen sich Borsten zeigen, in Form eines gleichschenkligen
Dreieckes, dessen Basis rückwärts, der Scheitel aber unterhalb
des Gelenkes zu liegen kommt. Die Borsten sind nach rückwärts stärker und auch dichter angeordnet. — Das Gebilde
wird auch hier von einem chitinösen, am Rande ziemlich zarten,
längsgestreiften Mantel umgeben, der kein Gelenk zeigt, wovon
man sich sehr leicht bei Seitenansicht überzeugen kann.

Syrphus zeigt einen ganz ähnlichen Bau; die Zähne der
Mandibelklinge sind spärlicher, zertreuter; die Messerborste
einfach; das Gelenk wie gewöhnlich.

Rhingia, der an die Blumennahrung so sehr angepasste
Syrphide, hat schwächere Klingen, als die übrigen Syrphiden,
auch sind sie ziemlich stumpf und spärlich bezahnt. Die
Messerborste ist schwach entwickelt und auf den breiten, be-
zipfelten centralen Lappen hinübergegangen.

Microdon, dessen Gebilde auffallend breit ist, zeigt die
Eigentümlichkeit, dass der innere Rand der Klinge, welche sich

zuspitzt, mehrere Zahnborsten trägt, und die den centralen Lappen entsprechenden Theile in feine borstenförmige Zipfel enden. Längsstreifung und Gelenk an den Klingen sind hier wie bei den übrigen Syrphiden.

Bei Merodon ist die Messerborste kurz, breit und bezipfelt; die Klinge keulenförmig. Die von den übrigen Syrphiden durch einen Endgriffel am dritten Fühlerglied ausgezeichnete Ceria hat einen stumpfen mit Zipfeln besetzten Lappen, welcher der Messerborste entspricht.

Auch noch andere Gattungsvertreter, wie Chrysogaster, Paragus, Melithreptus wurden mit in die Untersuchung gezogen; sie lassen sich jedoch leicht mit dem typischen Bau vereinigen, so dass ich von detaillirter Beschreibung abstehe.

Wenn wir das soeben geschilderte Gebilde mit dem der Dolichopodiden und Empiden vergleichen, so sehen wir, dass wir hier ebenfalls ein an der äusseren Seite gezahntes, mittelst Gelenkes verbundenes Stück durch ein gelenkloses, zarteres Stück bedeckt vorfinden. Auch hier haben wir Mandibeln, die bei Vertretern dieser Familie ganz verschmolzen sind, von einer zarten Oberlippe bedeckt. Das Gelenk der Mandibeln liegt, wie auch bei den Empiden im oberen Drittel, so dass im Vergleich mit den Dolichopodiden der basale Theil des Gebildes mit der Anpassung an Blumennahrung sich bedeutend verlängert hat.

Bekanntlich sind die Syrphiden eminente Blumenbesucher, wie dies auch Zahlen beweisen, welche Herm. Müller für die Vertreter dieser Familie als Blumenbesucher verzeichnet hat, da er 916 Besuche aufzählt, die 89 Gattungen angehören. Da die Syrphiden sowohl Honig saugen wie auch Pollen fressen, so mag ihnen das verlängerte rinnenförmige Gebilde zum Saugen dienen, zugleich aber auch, da es an den Rändern bezahnt ist, zusammen mit den als Reibleisten thätigen Kissen der Unterlippe beim Erfassen und der Weiterbeförderung des Nahrungsklumpens behilflich sein. Nur der Bau erinnert einigermassen an das ursprüngliche Kauwerkzeug.

Ich will nun noch die Behauptungen und Meinungen verschiedener Autoren über diese Familie besprechen, da die
meisten Forscher, welche Mundtheile der Dipteren untersucht
haben, auch Vertreter — wenn auch meist nur einzelne —
dieser Familie in ihre Untersuchungen mithineingezogen haben.

Newport's Meinung kenne ich nur aus dem Citate in
der Abhandlung von Menzbier. Er soll auf p. 903 von Eristalis folgendes behaupten: „... in Eristalis floreus, which
subsists both on the pollen and honey of flowers, the mandibles and maxillae are employed to scrape of the pollen from
the authers, before it is convoyed along the tube formed by
the united parts of the mouth to the pharynx". Aus dieser
Aussprache, wie aus der Bemerkung Gerstfeld's über Newport, wovon weiter unten die Rede sein wird, lässt sich
schliessen, dass Newport besondere Theile als Mandibeln betrachtete, nicht aber das unter den Mandibeln meinte, was ich
als solche betrachte. Da ich jedoch seine Abhandlung nicht
näher kenne, kann ich darüber bloss meine Vermuthung aus-
sprechen.

Gerstfeld sagt: „Die Oberlippe ist meist schmal, länger
oder kürzer und liegt in der Ruhe unter dem clypeus, an
welchem sie eingelenkt ist; die Mandibeln sind mehr oder
weniger verkümmert und mit der Scheide verschmolzen". Es
wäre schwer aus dieser Aeusserung Gerstfeld's einen richtigen
Begriff von seiner Meinung zu bekommen, wenn er auf folgender Seite (p. 29) bei Besprechung der Mundtheile von Volucella nicht folgende Beschreibung gäbe: „Bei Volucella pellucens L. ist die Oberlippe verlängert, lanzettlich, aber stumpf,
an der Spitze ausgerandet und in mehrere Zipfelchen getheilt";
und einige Zeilen weiter unten: „Rechts und links von der nur
als Decke der Borsten fungirenden Oberlippe liegen die mit
der Basis der Scheide verschmolzenen, rundlich dreieckigen
plattenförmigen Mandibeln, die hier also nicht, wie Newport
es von verwandten Gattungen, wahrscheinlich aber mit Unrecht
behauptet, borstenförmig erscheinen." Was Gerstfeld unter

den Mandibeln versteht, kann ich mir nicht vorstellen, da ich
nichts ähnliches vorfand, trotzdem ich eine Menge Syrphiden
und darunter auch eine grössere Anzahl von Volucellen zer-
gliedert habe; so viel ist jedoch sicher, dass Gerstfeld jenes
Gebilde, welches aus dem mit den Mandibeln verwachsenen
Labrum besteht, als blosses Labrum betrachtete, die Mandibeln
aber ausserhalb dieses Gebildes gefunden zu haben meinte.
Die nicht berechtigte Zumuthung, die ihm von Menzbier zu
Theil wurde, Gerstfeld hätte die Mandibeln mit den Maxillen
verwechselt, hat schon Becher (l. c. p. 150) zurückgewiesen,
da Gerstfeld die Maxillen nicht nur beschreibt, sondern sogar auch ziemlich gut abbildet. Eigenthümlich finde ich es
bei Gerstfeld, dass er auf Taf. I Fig. 6, welche die Oberlippe von Volucella pellucens darstellt, nebst den Contouren
noch längs der Mitte zwei parallele Striche abbildet, von denen
ich weder im Text, noch in der Tafel-Erklärung eine Erwäh-
nung finde, was vielleicht die Berührungsstelle des Labrums
mit den Mandibeln nach meiner Auffassung sein sollte.

Herm. Müller schliesst sich früheren Forschern an, betrachtet den Hypopharynx als aus den verwachsenen Mandibeln entstanden. „Von den Chitinstücken am Ende der Rüssel-
basis" sagt er: „kann das obere unpaare, welches sich unter
der Haut bis zum Kopfe fortsetzt, nur als Oberlippe aufgefasst
werden; das untere scheint durch Verwachsung der beiden
Oberkiefer entstanden zu sein. Die Oberlippe bildet eine mit
ihrer hohlen Seite nach unten gekehrte Rinne, in welche sich
das vermuthlich durch Verwachsung der Oberkiefer gebildete
Stück vollständig zurückziehen lässt." Daraus ist es ersichtlich, dass Herm. Müller die Mandibeln ausserhalb der soge-
nannten Oberlippe als freies Stück suchte; dass dies aber
nicht der Fall ist, resultirt schon aus den späteren Untersuchungen, welche bewiesen haben, dass die vermuthliche Naht
des Hypopharynx eigentlich die Wand einer den Hypopharynx
durchziehenden Drüse ist. Da die Mandibeln nicht zu finden
waren, der Hypopharynx ohnedem eine ganz eigenthümliche

Bildung ist, war es erklärlich, dass man in ihm mit Zuhilfe-
nahme der vermuthlichen Naht die verschmolzenen Mandibeln
zu finden glaubte.

Menzbier, der in seiner Arbeit über die Mundtheile der
Dipteren von mehreren Familien je einen Vertreter wählt und
diesen ausführlich beschreibt, wählte sich Syrphus zum Vertreter der Syrphiden. Die „Oberlippe" von Syrphus beschreibt
er wie folgt: „Vor dem Munde oder über demselben liegt eine
Chitinlamelle, die mit der Vorderwand des Kegels der Unterlippe an der Stelle verwachsen ist, wo der Schlund endigt.
Diese Chitinlamelle ist oben von rechts nach links convex, besitzt unten eine Rinne und endigt mit drei kleinen Borsten.
Verglichen mit der Oberlippe von Haematopota und Chrysops
und in Anbetracht ihrer Lage über dem Munde stellt diese
Lamelle nichts als die Oberlippe von Syrphus dar. Durch
Maceration in KOH kann man dieselbe ebenfalls, wie bei jenen,
in zwei Bestandtheile (Lamellen) zerlegen, in die eigentliche
Oberlippe und einen Fortsatz der oberen (vorderen) Wand des
Schlundes mit einer Rinne (epipharynx)." Schon die Beschreibung wie auch die Abbildung des, wie Menzbier glaubt, aus
der Oberlippe und dem Epipharynx durch Verwachsung entstandenen Gebildes ist nicht richtig, da dieses nicht mit drei,
einer mittleren und zwei seitlichen Spitzen, sondern mit sechs
Stücken endet, von denen sich nicht einmal die mittleren, noch
weniger aber die seitlichen mit dem Namen „kleine Borsten"
begnügen können. Dass die Annahme eines Epipharynx in
diesem Falle nicht berechtigt und sehr gezwungen ist, hat
durch Becher seine triftige Begründung erhalten, da dieses
Gebilde nicht, dem Hypopharynx analog, frei ist, und sich
nicht einmal das „Epipharynx" von ihm durch KOH von der
„Oberlippe" trennen liess. Auch ich kann dieses bestätigen,
obwohl ich mir Mühe gab, die zwei Stücke getrennt zu erhalten, um die Unterschiede zwischen den beiden Stücken sicher
festzustellen. Ebenso richtig ist die Bemerkung Becher's,
dass Menzbier die Mandibeln mit den Maxillen verwechselt

und beschrieben hat, so dass ich es für überflüssig halte mit weiteren Beweisen hervorzutreten.

Dimmock wählte sich zum Vertreter der Syrphiden Eristalis horticola. Er beschreibt das Labrum dieser Art und schliesst sich in der Auffassung der einzelnen Theile dieses Gebildes an Menzbier an, indem er hier ein aus inniger Verwachsung von Labrum und Epipharynx entstandenes Gebilde gefunden zu haben glaubt. Er bemerkt ganz richtig, dass das Gebilde am Ende in sechs Theile getheilt ist, aber er fand keine Spur von Mandibeln. „In Eristalis horticola I was unable to find the least traces of the mandibles, either as free rudimentary structures, or as portion united to the labium."

Becher unterscheidet an der Oberlippe zwei Lamellen. „Die Oberlippe", sagt er, „setzt sich aus zwei Lamellen zusammen, von denen man die obere deutlich als eine Fortsetzung des Untergesichtes, mit diesem durch eine Gelenkhaut verbunden erkennen kann, während die untere, stärkere und längere am Schlundgerüst articuliert." Die „Oberlippe" besteht wohl aus zwei Theilen, die jedoch morphologisch zwei verschiedene Gebilde sind, von denen das eine, obere, die Fortsetzung des Untergesichtes bildende, als Labrum, Oberlippe zu betrachten ist, während das untere am „Schlundgerüst" articulierende Stück die verwachsenen Mandibeln darstellt. Nebenbei sei bemerkt, dass die Syrphiden nicht einen, sondern zwei mediane, centrale Lappen besitzen, wovon man sich beim Zergliedern der Syrphiden ganz leicht überzeugen kann, besonders wenn man das Gebilde ausbreitet. Becher's genaue und umfangreiche Arbeit (er hat 170 Arten berücksichtigt, die zu 34 Familien gehören) hat mehrere streitige Fragen in's Reine gebracht, und würde er sich noch mehr in's Detail vertieft haben, woran bei einer solchen Arbeit kaum zu denken war, so wären ihm gewiss auch die hier erörterten Eigenthümlichkeiten aufgefallen, die ihn dann zu einer anderen Erklärung gezwungen hätten.

Resultate und Schlussbemerkungen.

Fassen wir die an den drei untersuchten Familien gewonnenen Resultate zusammen, so finden wir, dass hier überall Mandibulae vorhanden sind, dass sie aber zum Labrum in eine innige Beziehung getreten sind und deshalb von den bisherigen Forschern verkannt wurden. Sie zeigen deutlich, wie aus fast ganz getrennten Mandibeln durch Verwachsung Stücke entstanden sind, die auch jetzt noch durch ihre Articulation und Bezahnung an die ursprüngliche Function als Kauwerkzeuge erinnern und zum Theil wohl noch als solche fungiren, aber in Folge der Anpassung an Blumennahrung sich in ein Saugorgan umgewandelt, oder doch schon den Umwandlungsprozess begonnen haben.

Mit dem gefundenen anatomischen Bau stimmt auch die Lebensweise überein. — Die Dolichopoden, die vom Raube leben, haben entsprechend ihrer Lebensweise auch noch die best erhaltenen kauenden Mandibeln unter den drei Familien. Es sind dies meist kräftige und bezahnte Klingen, durch das zarte Labrum zwar zusammengehalten, aber sonst wie ein Kauwerkzeug oder doch wenigstens wie ein Mundtheil zum Festhalten der Nahrnng gestaltet.

Die Verwachsung der Mandibeln mit dem Labrum ist eine Folge der Anpassung, die hier keinen so hohen Nutzen liefert, als bei den folgenden Familien. — Die Empidae, von denen einige Arten mit Vorliebe Blumen besuchen, zeigen schon eine innigere Verbindung der Mandibeln untereinander. Die Klingen sind zwar noch getrennt, aber das basale Stück unterhalb des Gelenkes ist bedeutend länger geworden und fester gebunden. Herm. Müller führt für diese Familie 81 Blumenbesuche auf, die sich auf bloss vier Gattungen mit 13 Arten vertheilen. Wenn auch die Zahl der blumenbesuchenden Empiden sicher eine grössere ist, so ist sie doch im Verhältniss zu der grossen Anzahl von Arten, die vom Raube leben, klein zu nennen. Die Verlängerung des Rüssels und seiner einzelnen Theile, wie auch die innigere Verwachsung des basalen Stückes der Mandibeln unterhalb des Gelenkes ist ein Fortschritt in . der Anpassung an die Nahrung, da die Länge des Gebildes zum Herabgleiten der Nahrung, die innigere Verwachsung ursprünglich getrennter Stücke aber zur passenden Aufnahme der Nahrungsmasse vom Vortheil ist. Diesen Vortheil haben sich auch schon bereits einige Arten zu Gute gemacht. Der gestreckte Bau der Mundtheile bei den blumenbesuchenden Arten, welche mit Vorliebe Weiden und Doldenblüthen, Ahorn und andere Pflanzen angehen, wird aus dieser Lebensweise leicht verständlich. Man kann sich bei diesen Arten auch überzeugen, dass sie sich in die Blüthen oft förmlich vergraben und dort nicht nur auf Beute lauern; ob aber der Bau der Mundtheile bei der Mehrzahl vom Raube lebender Arten seine Entstehung der Aufnahme thierischer Säfte verdankt oder vielleicht auf vormals gepflegte Beziehungen zur Blüthennahrung zurückzuführen sein dürfte, wollen wir an diesem Orte völlig unerörtert lassen. — Bei den Syrphidae, wo die Verwachsung der Mandibeln eine vollkommene ist, sprechen auch die Zahlen Herm. Müller's für ihre Lebensweise, da von dieser Familie 981 Arten Blumen besuchen. Das basale Stück der Mandibeln unterhalb des Gelenkes ist auch hier, wie bei den Empiden bedeutend verlängert, was hier für die Thiere als fleissige Blumenbesucher einen direkten Nutzen bedeutet. Dass hier auch die Mandibelklingen ihre frühere Selbstständigkeit eingebüsst haben und nur am Ende lappig gespalten sich zeigen, mit dem Gelenk und der Bezahnung ihren früheren Charakter kennzeichnen, ist eben der Beweis einer noch weiter fortgeschrittenen Anpassung an die Blumennahrung, von der zahlreiche Arten reichlichen Gebrauch machen.

Die Verwachsung der Mandibeln mit dem Labrum steht nicht ganz isolirt da, da Lendl es für die Spinnen auch ontogenetisch bewiesen hat. Die Ontogenie der Dipteren scheint uns im Stich zu lassen, da, wie es wenigstens Weissmann bei Musciden beobachtet hat, „der zahnartige unpaare Haken", welcher aus der Verwachsung der Mandibeln entstanden ist, bei der ersten Häutung der Larve abgeworfen wird und nicht mehr zum Vorschein kommt.

Als ich beim Abschluss meiner Untersuchungen die mühevolle Arbeit von Brauer „über systematische Studien" in die Hände nahm, verschaffte es mir eine angenehme Genugthuung, dass die auf Grund meiner Untersuchungen als verwandt angenommenen Familien der Dolichopoda und Empidae auch ähnliche Larven besitzen („die sonst so verschiedenen Formen der Empiden und Dolichopoden werden durch kaum unterscheidbare Larven vereinigt" p. 4.), so dass sich Brauer genöthigt sah, diese zwei Familien von den übrigen zu trennen und für sie das Tribus Orthogenya aufzustellen. Ob die Orthogenya in dem Verhältnisse zu den übrigen Gruppen der Orthorrhapha brachycera stehen, wie dies aus seiner Verwandtschaftstabelle zu entnehmen ist, kann ich wohl nicht entscheiden, scheint mir jedoch nach meinen Untersuchungen an Vertretern anderer Familien nicht wahrscheinlich. Was die Syrphiden anbelangt, die Cyrlorrhaphen sind, aber einige Eigenthümlichkeiten zeigen, so scheint es mir wahrscheinlich, dass eben die Syrphidae diejenigen Cyclorrhaphen sind, welche sich unmittelbar oder mittelbar an die Orthorrhapha brachycera anschliessen lassen werden.

Vielleicht wird es mir möglich sein, in nicht allzuferner Zeit meine zerstreuten Befunde bei den übrigen Familien der Dipteren, sowie auch diejenigen der hier beschriebenen drei Familien, namentlich die Anheftung, Lage und Verhältniss zu den übrigen Theilen des Mundes zu ergänzen, um auf diese Weise die verschiedenen Modifikationen der Mandibeln bei den Dipteren nachzuweisen und auf Grund des Baues der Mundtheile bei Berücksichtigung der sich darbietenden Thatsachen der neueren Forscher einen Versuch zur Verknüpfung der einzelnen Dipteren-Familien auf eine festere Basis zu stellen, als mir dies derzeit möglich wäre. Diese geplante Behandlung des Gegenstandes soll dann mit den nothwendigen erläuternden Abbildungen versehen in einer Fachzeitschrift zur Veröffentlichung kommen.

Literatur.

1) Brullé, Aug.   Recherches sur les transformations des appendices dans les Articulés.   In den Ann. sc. nat. sér. 8.   1844.   Paris.

2) Gerstfeld, Georg.   Ueber die Mundtheile der saugenden Insekten. Magister-Dissertation für Dorpat.   Mitau und Leipzig 1853.

3) Weismann, Aug., Dr.   Die Entwickelung der Dipteren im Ei. Zeitschrift für wiss. Zoologie.   XII. Bd.   Leipzig 1863 und

4) Weismann, Aug., Dr.   Die nachembryonale Entwickelung der Musciden.   Bd. XIV.   Leipzig 1864.

5) Brauer, Fr., Prof., Dr.   Die Zweiflügler des kaiserl. Museums zu Wien I. in den Denkschriften der k. Akademie Wien 1880.   Bd. XLII. und

6) Brauer, Fr., Prof., Dr.   Die Zweiflügler des kaiserlichen Museums zu Wien III.   Systematische Studien.   Denkschr. der k. Akademie Wien math. natw. Cl. XLVII. Bd.   Wien 1883.

7) Müller, Herm., Dr.   Die Befruchtung der Blumen durch Insekten und die gegenseitigen Anpassungen beider.   Leipzig 1873.

8) Menzbier, M., A.   Ueber das Kopfskelet und die Mundwerkzeuge der Zweiflügler.   Bulletin de la Soc. Imp. d. Nat. de Moscou.   Tome LV.   Moscou 1880.

9) Dimmock, George.   The Anatomy of the Mouth-Parts and of the sucking apparatus of some Diptera.   Boston 1881.

10) Becher, E.   Zur Kenntniss der Mundtheile der Dipteren (Arbeit aus dem zool. vergl. anat. Inst. der Univ. Wien) Denkschr. der kais. Akad. Wien.   XLV. Bd.   Wien 1882.

11) Lendl, Ad.   Adatok a pókok boncz és fejlődéstanához, különös tekintettel a végtagokra.   Értekezések a természettudományok köréből kiadja a Magyar Tudományos Akademia.   Budapest 1886.   XVI. kötet.

www.ingramcontent.com/pod-product-compliance
Lightning Source LLC
Chambersburg PA
CBHW022033190326
41519CB00010B/1700